Judith Bernet

Weltgesellschaft: Kritisiert die Al Qaida die globalen Modelle der Weltgesellschaft?

GRIN Verlag

Bibliografische Information der Deutschen Nationalbibliothek:

Die Deutsche Bibliothek verzeichnet diese Publikation in der Deutschen National-
bibliografie; detaillierte bibliografische Daten sind im Internet über http://dnb.d-
nb.de/ abrufbar.

Impressum:

Copyright © 2006 GRIN Verlag GmbH
Druck und Bindung: Books on Demand GmbH, Norderstedt Germany
ISBN: 978-3-640-65968-5

Dieses Buch bei GRIN:

http://www.grin.com/de/e-book/68735/weltgesellschaft-kritisiert-die-al-qaida-die-
globalen-modelle-der-weltgesellschaft

JOHANNES GUTENBERG-UNIVERSITÄT MAINZ
Geographisches Institut
Proseminar Politische Geographie
Wintersemester 2006/2007

Weltgesellschaft

Kritisiert die Al Qaida die globalen Modelle der Weltgesellschaft?

Judith Bernet

Hauptfach Diplom	Geographie	3. Semester
Nebenfach	Politik	3. Semester
Nebenfach	Soziologie	3. Semester

Inhaltsverzeichnis

1. Eine Welt – eine Gesellschaft – eine Kultur?

Es gibt über 190 Staaten auf der Welt, je nach Zählweise mehrere tausend Sprachen und unterschiedlichste Religionen (ASTOR et. al. 2005). Jedes Land hat seine eigene Geschichte und unterschiedliche geographische Bedingungen. Kann es trotzdem Gemeinsamkeiten geben? Kann es trotz solcher Unterschiede, ein „global" geben? Täglich wird in den Medien von Globalisierung gesprochen, „international" ist in aller Munde. Für lange Zeit war das Konzept der Nationalstaaten in der politischen Geographie sowie in den Gesellschaftswissenschaften das vorherrschende Prinzip, sie werden noch immer als „unverrückbare Bausteine" (GEBHARDT et. al. 2006: 753) oder „unabhängige Entitäten" (GREVE/HEINTZ 2005: 90) bezeichnet und bilden die Basis politischer Handlungen und wissenschaftlichen Untersuchungen. Aber ist das wirklich alles? Oder gibt es Ansätze, mit denen sich viele Phänomene besser erklären lassen? Wie ist es zu erklären, dass sich viele Länder fast zur gleichen Zeit trotz unterschiedlichster Gesellschaft und Kultur ähnliche Ziele gesetzt haben und ähnliche Grundsätze verfolgen? Ein Erklärungsansatz für diese strukturellen Ähnlichkeiten ist die Idee der Weltgesellschaft. Hierbei wird angenommen, dass es eine Art Weltkultur gibt, die bestimmte Motive und Grundsätze umfasst, die trotz aller Unterschiede zwischen den Ländern weltweit anerkannt werden. Ist es möglich, dass es diese Weltkultur gibt oder geben wird? Wenn ja, besteht dann die Gefahr einer Auflösung der Nationalstaaten, wie es oft in der Globalisierungsdiskussion behauptet wird? Oder ist eine globale Ordnung denkbar, in der die Nationalstaaten ihren Platz und ihre Wichtigkeit behalten? In der Weltgesellschaftstheorie wird dies behauptet. Die vorliegende Arbeit widmet sich besonders den „globalen Modellen" und der Frage, ob es nicht westliche Modelle sind. Die Fragestellung, unter der dies diskutiert werden soll, ist, ob die Al Qaida – als Beispiel eines Vertreters einer anderen Kultur – die globalen Modelle der Weltgesellschaft kritisiert. Die Al Qaida ist in ihrem Vorgehen sehr radikal, sie besteht aus Terroristen, doch ist die Frage interessant, ob hinter den terroristischen Akten nicht eine berechtigte Kritik steckt.

Im Folgenden soll zuerst auf den Gesellschaftsbegriff und auf die Schwierigkeiten einer Definition von Gesellschaft eingegangen werden. Die darauf folgenden Kapitel widmen sich den Vorläufertheorien, um zu der Entstehung der Weltgesellschaftstheorien hinzuführen und ihre Gemeinsamkeiten herauszuarbeiten. Danach wird die Theorie von J.W. Meyer näher betrachtet, besonders die Rolle des Nationalstaates und die Rolle der Organisationen. Auf dieser Basis soll dann die oben genannte Fragestellung beantwortet werden.

2. Gesellschaft

Um den Begriff der Weltgesellschaft zu verstehen, muss man sich zuerst mit dem Begriff der Gesellschaft befassen. Dies soll im folgenden Kapitel getan werden. Nach LESER ist Gesellschaft „ (…) die Gesamtheit der zwischenmenschlichen Gebilde und Ordnungen während eines bestimmten Zeitalter in einem bestimmten Raum (…). (LESER 2005: 295). Auf das Zeitalter soll hier nicht weiter eingegangen werden, die folgende Arbeit bezieht sich nur auf das heutige Zeitalter. Was bei der Frage nach der Weltgesellschaft die bedeutende Rolle spielt, ist der Raum. Im Alltag und in der Soziologie – der Wissenschaft, die sich klassischerweise mit Gesellschaft beschäftigt – ist Gesellschaft immer auf den Raum des Nationalstaates begrenzt (HAMM 2006: 23). Gesellschaft ist hier also vom Raum abhängig; dort wo die Grenzen eines Nationalstaates sind, hört also auch die jeweilige Gesellschaft auf. HAMM definiert Gesellschaft folgendermaßen: „Gesellschaft (…) ist eine Mehrzahl von Menschen, die vieles miteinander gemeinsam haben: Sprache, Kultur, Institutionen, Geschichte, ein Wir-Gefühl, also Identifikation, ein Gebiet, das sie bewohnen, samt seiner Infrastruktur." (HAMM 2006: 23). Hier stößt man mit dieser nationalstaatlichen Betrachtung auf Probleme: Viele dieser Merkmale machen nicht vor Grenzen halt: Hat nicht das Saarland und der Elsass eine gemeinsame Geschichte? In Indien gibt es 325 Sprachen und 15 verschiedene Schriften in einem einzigen Land (HAMM 2006: 25), kann man hier also von einer Gesellschaft sprechen?

Ein anderes Argument für nationale Gesellschaften ist die nationale Rechtsordnung: doch auch hier lässt sich ein Gegenargument finden. Wie steht es mit Europa: hier sind es mehrere Nationalstaaten, die sich aber auf eine gemeinsame Rechtsordnung geeinigt haben (ebd.). Wie verhält es sich in Europa nun mit den nationalen Gesellschaften? Schon anhand dieser Beispiele ist sichtbar, dass es nicht einfach ist, eine Definition oder eindeutige Merkmale für den Begriff der Gesellschaft zu finden. Jedoch lässt sich festmachen, dass es in einer Gesellschaft gemeinsame Merkmale gibt, was dazu führt, dass die Menschen dieser Gesellschaft in Beziehung miteinander stehen (HAMM 2006: 23). Diese Beziehungen finden über einen Austausch von „Informationen, Geld, Gefühle, Befehle, Berührungen, Worte, Gesten etc." (ebd.) statt, was wiederum Grenzen definiert: wer gehört dazu und wer nicht (ebd.). Genau mit der Frage nach diesen Grenzen beschäftigt sich der Ansatz der Weltgesellschaft.

3. Vorläufertheorien

Die Theorie der Weltgesellschaft ist nicht der erste Versuch, weltweite zwischenstaatliche Beziehungen zu analysieren. Im Folgenden sollen drei Vorläufertheorien vorgestellt werden, anhand derer man eine Entwicklung der Betrachtungsweise sehen kann: Zuerst wurde jeder Nationalstaat als isolierte Einheit betrachtet, es wurde eine Art „Containerdenken" praktiziert, später wurde die Analyse auf Beziehungen zwischen den Nationalstaaten ausgeweitet, bis zuletzt endlich die Welt „als Ganze" (GREVE/HEINTZ 2005: 98). betrachtet wurde.

3.1 Modernisierungstheorie

Es gab verschiedene Ansätze von Modernisierungstheorien, die aber in den Hauptannahmen übereinstimmten. Diese sollen in diesem Kapitel kurz erläutert werden.

Die jeweilige Analyseeinheit, die bei der Modernisierungstheorie betrachtet wurde, war das jeweilige Land, was eine „unabhängige Entität" (GREVE/HEINTZ 2005: 90) darstellte. Die Annahme war, dass die Modernisierung ein endogener Prozess ist, also interne Ursachen hat und ausschließlich von der inneren Dynamik des betreffenden Landes beeinflusst wird (KULKE [2]2006: 184). Die Länder wurden also noch nicht als Teil eines umfassenden Systems verstanden, die Außenwelt der Länder spielte keine Rolle. Man nahm an, dass Entwicklung immer nach dem gleichen Schema stattfindet, in einer Abfolge von Phasen, die von den nationalen Gesellschaften bei ihrer Modernisierung immer in der gleichen Folge durchlaufen werden (GREVE/HEINTZ 2005: 96). So lassen sich alle Staaten in eine Phase einordnen, und weniger entwickelte Länder befinden sich lediglich in einer Phase, die die höher entwickelten Länder schon durchschritten haben. Es wird also angenommen, dass am Anfang des Prozesses der Modernisierung der Zustand „unterentwickelt" steht, während ein Land am Ende des Prozesses der Zustand „entwickelt" erreicht (LESER [13]2005: 570).

Da alle Länder die gleichen Phasen in der gleichen Reihenfolge durchschreiten und am Ende denselben Zustand erreichen, kommt es der Modernisierungstheorie zufolge zu Konvergenz, Homogenisierung und ähnlichen Leitbildern und Institutionen. Die Grundannahme der Modernisierungstheorie ist also die Gegenüberstellung von traditionellen Gesellschaften, die die Entwicklung noch vor sich haben, und modernen Gesellschaften, die die Phasen der Entwicklung bereits beendet haben. Unter Modernisierung wurde meist Industrialisierung und Urbanisierung verstanden; aber auch Bildung und Demokratisierung, und die vermehrte Nutzung von Massenmedien (ebd.). Die Begriffe Entwicklung und Modernisierung werden quasi synonym verwendet (GREVE/HEINTZ 2005: 95f.). Die Modernisierungstheorie war zu ihrer Zeit sehr erfolgreich: Seit ihrer Entstehung in dem 1940er Jahren bis Mitte der 1960er Jahre dominierte sie als makrosoziologische Orientierung (GREVE/HEINTZ 2005: 95).

Heute wird die Modernisierungstheorie jedoch eher kritisch betrachtet. Kritisiert wird, dass Tradition und Moderne automatisch immer in einem Konflikt zueinander stehen. Außerdem ist es äußerst fragwürdig, ob Modernisierung immer zu demselben Zustand führt. Des Weiteren hat sich herausgestellt, dass Prozesse der Modernisierung nicht immer endogen stattfinden. Dies mag bei den europäischen (Industrie-) Ländern der Fall gewesen sein, jedoch ist die Annahme bei den heutigen sog. Entwicklungsländern nicht mehr haltbar (GREVE/HEINTZ 2005: 96).

3.2 Dependenztheorie

Die Dependenztheorie konzentriert sich auf die Abhängigkeitsbeziehungen zwischen den Ländern, doch auch hier ist von einem globalen Zusammenhang noch keine Rede (GREVE/HEINTZ 2005: 90). Im Gegensatz zur Modernisierungstheorie geht die Dependenztheorie davon aus, dass Entwicklung nicht zu einer Homogenisierung führt und Entwicklungsunterschiede somit verschwinden. Vielmehr werden hier starre soziale und räumliche Hierarchien betrachtet (NOVY: 2006). Diese räumlichen Unterschiede führen zu einem Gegensatz zwischen dem sog. Zentrum und der Peripherie (GREVE/HEINTZ 2005: 97). Zwischen den Industrieländern (Zentrum) und den Entwicklungsländern (Peripherie) bestehen Abhängigkeiten, da bei den internationalen Wirtschaftsbeziehungen die wirtschaftlich stärkeren Länder begünstigt und die wirtschaftlich schwächeren Länder benachteiligt werden (KULKE [2]2006: 185). Die Dependenztheorie ist in Lateinamerika als Kritik zur Modernisierungstheorie entstanden (GREVE/HEINTZ 2005: 97).

3.3 Weltsystemtheorie nach Immanuel Wallerstein

In der Weltsystemtheorie wird erstmals die „Welt als Ganze" (GREVE/HEINTZ 2005: 98) betrachtet: Es kommt zum Perspektivenwechsel. Analyseebene ist nun die globale Ebene, Wallerstein begreift Prozesse „als Binnendifferenzierungen des Weltsystems" (GREVE/HEINTZ 2005: 100). Die Weltsystemtheorie hat einige Gemeinsamkeiten mit der Dependenztheorie. Auch sie entstand als Kritik an der Modernisierungstheorie, erklärt Unterentwicklung durch ungleiche wirtschaftliche Beziehungen und teilt die Welt in Zentrum und Peripherie (GREVE/HEINTZ 2005: 98f.). Wallerstein bezeichnet das Profitstreben als das bestimmende Strukturprinzip des Weltsystems und versteht die Welt als „globale kapitalistische Weltökonomie" (GREVE/HEINTZ 2005: 99). Wie in der Dependenztheorie wird in der Weltsystemtheorie von einer Verfestigung der Unterschiede zwischen Zentrum und Peripherie ausgegangen. Wallerstein unterscheidet zwischen zentralen, semiperipheren und peripheren Weltregionen (ebd.). Er betrachtet das Weltsystem zwar als Ganzes, bleibt aber mit seiner Analyse auf der Ebene der Ökonomie (GREVE/HEINTZ 2005: 100). Bei ihm wäre „Weltgesellschaft" so etwas wie eine freie Weltmarktgesellschaft (WOBBE 2000: 26).

4. Das Phänomen Weltgesellschaft

Wie oben behandelt, war der Begriff der Gesellschaft bisher immer an den Nationalstaat gekoppelt. Dies hat sich in den 1970er Jahren geändert. Relativ zeitgleich haben Niklas Luhmann, Peter Heintz und John Meyer begonnen, sich mit einer Ausweitung des Gesellschaftsbegriffes zu beschäftigen und sprachen das erste Mal von einer *Weltgesellschaft* (WOBBE 2000: 7), einer Gesellschaft, die sich global ausdehnt und nicht mehr von den nationalstaatlichen Grenzen begrenzt wird.

4.1 Gemeinsamkeiten der Weltgesellschaftstheorien

Obwohl jeder der Wissenschaftler seine eigene Theorie entwarf, die sich von den anderen unterscheidet, lassen sich gemeinsame Nenner finden. Die Thesen der Weltgesellschaft, bei denen sich die Autoren sozusagen einig sind, sollen im folgenden Kapitel dargelegt werden.

Die Theorie der Weltgesellschaft hat eine makrosoziologische Ausrichtung. Der Begriff der Gesellschaft wird auf globale Zusammenhänge ausgeweitet. Somit ist die Weltgesellschaftstheorie eigentlich keine *Gesellschaft*stheorie im strengen Sinne, da sie auch andere Phänomene und Zusammenhänge einschließt. (GREVE/HEINTZ 2005: 109). Die Weltgesellschaftstheorie basiert auf der These, dass es einen umfassenden globalen Zusammenhang gibt, der „mehr [ist] (…) als die Summe der Nationalstaaten und deren Beziehungen" und „als umfassendes System die Randbedingungen für alle anderen sozialen Einheiten und Prozesse vorgibt" (ebd.). Dieser globale Zusammenhang bildet ein neues, umfassendes System, welches eigenständige und irreduzible Strukturmerkmale aufweist. Diese weltgesellschaftlichen Strukturformen sind „globale soziale Tatsachen" (ebd.) und haben somit eine eigene Dynamik. Die Ebene, auf der Vorgänge und Phänomene analysiert werden, ist hier die Ebene der Weltgesellschaft, also eine globale Ebene, nicht mehr die Ebene der Nationalstaaten, wie es bei den Vorgängertheorien war. Alle Ereignisse, auch die auf lokaler Ebene, werden innerhalb dieses globalen Zusammenhangs betrachtet und auf dieses umfassende System bezogen: „Alles, was in der Welt stattfindet, ist Folge dieser Welt" (ebd.). Die institutionellen Strukturen von Nationalstaaten, Organisationen, alle anderen sozialen Systeme und Systembildungsprozesse werden von der Weltgesellschaft und sog. weltkulturellen Vorgaben geprägt; außerdem stellt die Weltgesellschaft für alle anderen sozialen Systeme die soziale Umwelt dar; sie gibt die strukturellen Rahmenbedingungen vor (ebd.).

4.2 John W. Meyer: Globale Modelle

Die Weltgesellschaftstheorie von John W. Meyer entstand Ende der 1970er und ist ein makrophänomenologischer Ansatz (MEYER et. al. 2005: 89). Meyer stellte zwischen Staaten und Gesellschaften auffällige Strukturähnlichkeiten fest, ohne dass sich die Gesellschaften an sich gleichen würden. Er stellte verschiedene Untersuchungen an, zuerst zum Bildungssystem, später analysierte er auch die Formation von Regimen, die wachsenden Frauenanteile in der Politik, das Entstehen von Verfassungen und den Prozess der Entkolonialisierung. Meyer war der Überzeugung, dass exogene Faktoren für nationalstaatliche Entwicklungen verantwortlich sind (WOBBE 2000: 28). So stellte er die These auf, dass jenseits der Nationalstaaten eine globale Wirklichkeit entstanden ist, die einen wachsenden Einfluss auf die einzelnen Länder hat (GREVE/HEINTZ 2005: 101), jedoch nicht in der Hinsicht, dass sich Staaten im Laufe der Zeit einander angleichen. Meyer stellte sich als zentrale Frage, wie es trotz enormer sozialen, ökonomischen, politischen, historischen und geographischen Unterschiede zu solchen Strukturähnlichkeiten kommen kann (WOBBE 2000: 29). So gelangt Meyer zu der Theorie von sog. globalen Modellen. Beispiele hierfür sind: Gleichheit, sozioökonomischer Fortschritt, menschliche Entwicklung, Menschenrechte, nationale Verfassungen, Gleichberechtigung etc. Gemeinsam haben diese Modelle, dass sie „stark rationalisiert, klar formuliert und oft erstaunlich konsensfähig" (MEYER et. al. 2005: 85) sind. Auffällig ist, dass viele dieser Modelle weltweit mehr oder weniger zeitgleich entstanden sind. Als Beispiel dient der wachsende Frauenanteil an den Universitäten. Man erwartet, dass der Frauenanteil in den westlichen Ländern stark gestiegen ist, in den islamischen Ländern jedoch weniger. Empirisch lässt sich dies aber widerlegen, der Anteil stieg weltweit ungefähr gleich (MEYER et. al. 2005: 96). Dies lässt sich durch das globale Modell „Gleichberechtigung der Frau", das anscheinend in dieser Zeit entstand, erklären.

Durch die Institutionalisierung dieser globalen Modelle lassen sich die strukturellen Isomorphien erklären, sie „definieren und legitimieren die Ziele lokalen Handelns, sie prägen die Strukturen und Programme von Nationalstaaten und anderen nationalen und lokalen Akteuren" (MEYER et. al. 2005: 85). Solche globalen Modelle wirken in und auf fast alle gesellschaftlichen Bereiche ein: Wirtschaft und Politik, Bildung und Wissenschaft,

Gesundheitswesen, sowie Familie und Religion und wirken bei Formung von Staaten mit (ebd.).

4.3 Die Staatslosigkeit der Weltgesellschaft

Es gibt keinen Weltstaat und keine Weltregierung, die Weltgesellschaft ist ein „ äußerst komplexes Gebilde ohne Staat" (WOBBE 2000: 15). Meyer nennt dies die „Staatslosigkeit der Weltgesellschaft" (MEYER et. al. 2005: 86). Das führt dazu, dass die Weltgesellschaft hauptsächlich über Kultur und Verbände operiert. Meyer spricht deshalb von einer *Weltkultur* (MEYER et. al. 2005: 85).

4.4 Akteure der Weltgesellschaft

Als „verantwortliche und autorisierte Akteure" der Weltgesellschaft bezeichnet Meyer Nationalstaaten, Organisationen und Individuen (MEYER et. al. 2005: 111). Um als legitimer Akteur anerkannt werden, müssen die Einheiten fähig sein, für sich selbst zu handeln (MEYER/JEPPERSON 2005: 57). Da nicht alle Einheiten diese Bedingungen erfüllen, treten Akteure auch als sog. Agenten für diese Einheiten ein (ebd.) Ein Beispiel wäre eine NGO, die für die Rechte von einem indigenen Volk kämpft, welches als Einheit nicht für sich selbst handeln kann. Die Akteure organisieren und legitimieren sich durch die globalen Modelle wie z.B. Staatsbürgerschaft, sozioökonomische Entwicklung und rationalisierte Gerechtigkeit (MEYER et. al. 2005: 91). Für die Weltgesellschaft sind sie in folgenden Strukturformen konstitutiv:

1. der Staat ist die zentrale Organisationsform
2. formale Organisationen sind grundlegende Einheiten
3. das rationale Individuum ist Handlungsträger

(WOBBE 2000: 33)

Abbildung 1 zeigt grob, wie die globale rationalisierte institutionelle und kulturelle Ordnung auf die Akteure wirkt:

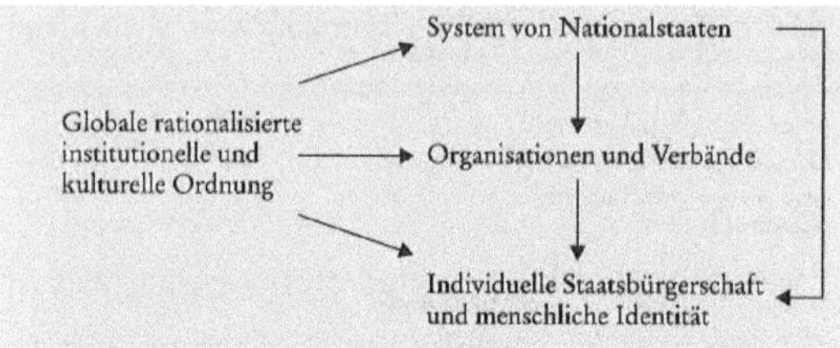

Abb.1: Die Welt als Inszenierung von Kultur nach Meyer
Quelle: MEYER et. al. 2005: 90

4.5 Entstehung der Weltgesellschaft seit 1945

Nach der Theorie von Meyer konsolidierte sich die Weltgesellschaft seit Ende des Zweiten Weltkrieges. Seit 1945 haben sich mehr als 130 Einheiten zu Nationalstaaten erklärt und die Zahl der Organisationen, die für die Weltkultur eine wichtige Rolle spielen, wie noch zu sehen sein wird, ist stark gestiegen (MEYER et. al. 2005: 105, 115). So haben sich die Akteure fast über die ganze Welt ausgebreitet (MEYER/JEPPERSON 2005: 59).

4.6 Die Rolle des Nationalstaates in der Weltgesellschaft

MEYER definiert den Nationalstaat „als eine grundlegende (…) Handlungseinheit" (MEYER et. al. 2005: 97). Im Gegensatz zu der öffentlichen Diskussion um Globalisierung wird bei der Theorie der Weltgesellschaft die zentrale Rolle des Nationalstaates nicht in Frage gestellt (GREVE/HEINTZ 2005: 110). Auch wenn es durch immer neue technische Mittel zu einem kommunikativen und interaktiven Zusammenschluss kommt, lässt sich keinesfalls von einer Homogenisierung der verschiedenen Kulturen sprechen (ROBERTSON 1998: 202). Die Staaten werden zwar vor neue Probleme gestellt, doch ist die nationalstaatliche Souveränität nicht in Auflösung begriffen (MEYER et. al. 2005: 104), da der Nationalstaat nicht nur die Funktion einer zentralen Verwaltungsbehörde hat, sondern auch die der identitätsstiftenden Nation (MEYER et. al. 2005: 109), für die Bevölkerung so eine immense Rolle spielt.

Die Isomorphien auf nationalstaatlicher Ebene erklärt MEYER mit Hilfe von globalen Modellen. Er sagt, dass eine politische Einheit alle möglichen Formen annehmen könnte, die heutigen Länder sich jedoch alle als Nationalstaaten präsentieren, als „rationalisierte Akteure", die eine Verfassung besitzen, Mitglieder der UNO sind, über territoriale Grenzen und Souveränität verfügen etc. (MEYER et. al. 2005: 97f.), unabhängig von Sprache, Religion und Geschichte. Auch hier werden globale Modelle verfolgt, wodurch die strukturellen Ähnlichkeiten entstehen.

Haben Staaten nicht genügend Ressourcen oder Organisationskapazitäten um die globalen Modelle durchzusetzen – z.B. um ein funktionierendes Bildungssystem aufzubauen – versuchen sie, zumindest die formalen Strukturen dafür schaffen; wenn die Kapazitäten auch dafür nicht reichen, beschränkt sich die Politik normalerweise auf die Planung. (MEYER et. al. 2005: 100). An dieser Stelle spielen die Organisationen eine große Rolle, die im nächsten Kapitel beschrieben werden soll.

4.7 Die Rolle der Organisationen in der Weltgesellschaft

Unter Organisationen oder Verbänden der Weltgesellschaft werden z.B. NGOs, die UN, die UNESCO, die Weltbank, Universitäten oder auch multinationale Konzerne (MEYER/JEPPERSON 2005: 66, 72, 74) verstanden. Organisationen übernehmen wichtige gesellschaftliche Funktionen in der Weltgesellschaft (HASSE/KRÜCKEN 2005: 189); die wichtigsten sollen hier kurz dargelegt werden. Organisationen sind so etwas wie weltweite „Vertreter" für die globalen Modelle. Im zeitlichen Verlauf werden bestimmte Eigenschaften oder Funktionen – z.B. Gleichberechtigung – „institutionalisiert", sie werden zu *Rechten*, und entwickeln sich zu globalen Modellen (MEYER/JEPPERSON 2005: 55f.): „(...) ein großer Teil des Wandels und der Weiterentwicklung der Weltkultur geht in transnationalen Organisationen und Verbänden vor sich (...)"(MEYER et. al. 2005: 95). Zwischenstaatliche Körperschaften und Nichtregierungsorganisationen (NGOs) spielen hier eine entscheidende Rolle. Organisationen übernehmen den Part, diese neuen Konzepte weltweit zu verbreiten und für ihre Umsetzung zu kämpfen (WOBBE 2000: 31). In diesem Zusammenhang kann man Organisationen auch als „Bewacher" der globalen Modelle bezeichnen: Nicht nur bei der Verbreitung neuer Modelle spielen sie eine Rolle, sondern auch bei der weiteren Umsetzung. Außerdem haben Organisationen eine Helferfunktion. Kann ein Staat z.B. wegen fehlender finanzieller Mittel die Prinzipien nicht umsetzen, oder will er einfach nicht, treten die Organisationen auf: im ersten Fall als Helfer, der dem betreffenden Staat von der globalen Gesellschaft gesandt wird, oder als Agent der Bevölkerung, die nach der weltgesellschaftlichen Meinung das Recht auf die Umsetzung der globalen Modelle hat. (MEYER et. al. 2005: 107, WOBBE 2000: 35). Auch in dem Fall, dass ein Regime globale Modelle ablehnt, unterstützen Organisationen (auch hier wieder besonders die NGOs) die lokalen Akteure, die sich gegen das Regime auflehnen (MEYER et. al. 2005: 108). Organisationen, z.B. der Wissenschaft, können auch die Position von Beratern der Nationalstaaten einnehmen (MEYER et. al. 2005: 111). Eine große Rolle spielen Organisationen bei dem Übergang zu einer funktional differenzierten Gesellschaft. Hierbei sorgen die vielfältigen Organisationen für die Herausbildung eigenständiger Systeme, z.B. der Wirtschaft, der Wissenschaft, der Politik etc. (HASSE/KRÜCKEN 2005: 189). Das kann man auch daran sehen, dass in den letzten Jahrzehnten die Zahl der Organisationen zugenommen hat, genau dem Zeitraum, in dem sich die Weltgesellschaft konsolidiert hat (MEYER et. al. 2005: 103).

5. Kritik an der Weltgesellschaft durch die Al Qaida

Das folgende Kapitel widmet sich der Kritik an der Weltgesellschaft: Inwieweit gibt es Kritikpunkte und ist die Terrorvereinigung Al Qaida ein Beispiel für Gegner der globalen Modelle? Diese Fragen sollen im Folgenden erörtert werden.

5.1 Kritik an den globalen Modellen

Die zentrale Kritik an der Weltgesellschaftstheorie ist die, ob deren Modelle wirklich als „global" zu bezeichnen sind, oder der globalen Gesellschaft nicht von der westlichen Gesellschaft aufgezwungen werden. Betrachtet man die globalen Modelle, stellt man fest, dass sie alle aus der sog. westlichen Welt stammen. Menschenrechte, Gleichberechtigung, Entwicklung: Prinzipien, die in den sog. Industrieländern entstanden und von dort aus verbreitet wurden. Auch die Verfechter der Konzepte stammen aus diesen Ländern, sind doch NGOs und zwischenstaatliche oder transnationale Organisationen meist aus den USA oder Europa. Die Vormachtstellung der USA in der UNO ist hier zu betonen.

MEYER selbst sagt, dass es westliche, christliche Modelle sind, die den globalen Diskurs beherrschen (MEYER/JEPPERSON 2005: 51, 59). Er erklärt das damit, dass die westlichen Modelle des Fortschritts sich erfolgreich durch Rationalisierung, Standardisierung und Generalisierung aus ihrem Ursprungkontext lösen konnten (WOBBE 2000: 30f.). Er beobachtet, dass andere Kulturen es bisher nicht erreicht haben, entscheidenden Einfluss auf globale Institutionen zu üben (MEYER/JEPPERSON 2005: 59). Nicht überall werden die globalen Modelle, die weltkulturelle Prinzipien darstellen, kritiklos angenommen (MEYER et. al. 2005: 110). Hier sind nationalistische oder religiöse Bewegungen zu nennen. MEYER behauptet aber, dass diese Bewegungen trotz ihrer ablehnenden Haltung sich in Wahrheit auch an diese Modelle halten und nach denselben globalen Regeln funktionieren. Sie haben Merkmale internationaler Organisationen und nutzen moderne Kommunikationsarten (ebd.). Im folgenden Kapitel soll diskutiert werden, inwieweit die Al Qaida die globalen Modelle kritisiert oder selbst anwendet.

5.2 Struktur der Al Qaida

Das arabische Wort *Al Qaida* bedeutet „Basis, Fundament". So war „Al Qaida" lange Zeit kein Name, sondern nur eine Bezeichnung für die religiöse Basis der Islamisten, der Taktik, die sie benutzten. Die Entstehung einer Gruppe, die sich um Osama bin Laden scharte, war Ende der 1980er, doch war sie zu der Zeit nur eine von vielen radikalislamische Gruppierungen (BURKE 2004: 25, 30f.). Die „Reifung" fand zwischen 1996 und 2001 statt, indem weitere Gruppierungen mit bin Laden in Verbindung traten, da er sich in Afghanistan befand, dadurch Land, außerdem Geld und Ausrüstung zur Verfügung stellen konnte (BURKE 2004: 33f.). Al Qaida war somit eine Art Anlaufstelle für sunnitische Extremisten (BURKE 2004: 30), ein „locker geknüpftes Netz aus Netzwerken", (BURKE 2004: 38).

Al Qaida besteht im Wesentlichen aus drei Komponenten: dem harten Kern, einem Netz aus verbündeten Gruppen und einer Ideologie (BURKE 2004: 33). Das Bild, dass die Al Qaida eine durchstrukturierte Organisation ist, wird eher von den amerikanischen Ermittlern und der weltweiten Presse geprägt, und von repressiven Regierungen unterstützt, da es leichter ist, Fahndungen durchzuführen, wenn man nach einer konkreten Organisation mit einem Anführer sucht, denn nach einer „lockeren" Gemeinschaft, die nur die Weltanschauung gemein hat, (BURKE 2004: 25, 32, 41). Außerdem hat die Vorstellung von nur einer Organisation, die die Welt bedroht, „etwas Bequemes und Beruhigendes" (BURKE 2004: 40). Des Weiteren hat man auch immer einen Sündenbock zur Hand: alle unliebsamen Feinde werden einfach als Al Qaida-Mitglieder bezeichnet und schon muss man bei deren Vernichtung nicht mehr mit Kritik rechnen (BURKE 2004: 41ff.). Besonders seit 2001 ist Al Qaida immer mehr ideologische Grundlage, keine logistische Basis mehr, was auch mit dem Erfolg der US-Sicherheitskräfte zusammenhängt, die den Terroristen ihre Tätigkeiten immer schwieriger macht (BURKE 2004: 40). Die „Bewegung Al Qaida" hat Zehntausende von Anhängern mit ähnlichen Idealen, die als Einzelpersonen agieren, oder sich in Kleingruppen zusammenschließen, sie ist keine totale Gruppe, wo alles feste Strukturen hat (BURKE 2004: 22).

5.3 Ideologie und Ziele der Al Qaida

So zählt bei Al Qaida die Weltanschauung, nicht die Gruppenzugehörigkeit (BURKE 2004: 39). Die islamistischen Terroristen befinden sich permanent im Krieg (BURKE 2004: 53) und zwar gegen den Westen, hauptsächlich gegen die USA, die sie als „die schlimmste Zivilisation, die es je gegeben hat" (BURKE 2004: 51) bezeichnen. Die arabische Welt sieht sich als „Nebenrolle" im Weltgeschehen und empfindet keine Partnerschaft zwischen den

Nationalstaaten, sondern dass Europa den „Weltenlenkerstatus" für sich beansprucht (JALAL AL-AZM 2002: 171). Somit kämpft die Al Qaida für „Gerechtigkeit". Ihrer Meinung nach unterdrückt der Westen den Islam mit folgenden Mitteln:

1. Den Vereinten Nationen
2. Den ihnen freundlich gesinnten Herrscher der muslimischen Völker
3. Den multinationalen Unternehmen
4. Den internationalen Kommunikations- und Datenaustauschsysteme
5. Den internationalen Nachrichtenagenturen und Satellitenkanäle
6. Den internationalen Hilfsorganisationen

(BURKE 2004: 51).

Hier werden also genau die Akteure der Weltgesellschaft, die die globalen Modelle umsetzen, als Feinde betrachtet. Die UN, die multinationalen Unternehmen und die internationalen Hilfsorganisationen sind Organisationen der Weltgesellschaft; die „freundlich gesinnten Herrscher" sind Nationalstaaten, die die globalen Modelle unterstützen; die internationalen Kommunikations- und Datenaustauschsysteme, Nachrichtenagenturen und Satellitenkanäle sind Medien, über die globale Modelle verbreitet werden können, bzw. durch die die Akteure in Kontakt stehen.

Die Ziele von bin Laden und den Islamisten sind hauptsächlich von politischer Art. Bin Laden spricht soziale, wirtschaftliche und politische Probleme der islamischen Welt an, nur religiös verpackt (BURKE 2004: 52), Al Qaida wird auch als „extremistischer Flügel einer politischen Religion" (ebd.) bezeichnet. Bin Ladens Ziel ist es, eine „bessere" Gesellschaft zu schaffen, also eine Gesellschaft mit islamischen Modellen; die westlichen Modelle werden als schlecht angesehen, der Westen als böse, der Islam als gut (BURKE 2004: 53). Die Islamisten glauben, dass sie diesen Krieg gewinnen werden, und dass der Untergang des Westens automatisch den Islam wieder an die Macht bringt (JALAL AL-AZM 2002: 172).

5.4 Widersprüche

Es gibt bei diesem „Krieg" einige Widersprüche. Zum einen nutzt die Al Qaida für ihren Kampf die gleichen Mittel, wie sie auch die Akteure der Weltgesellschaft nutzen: Internet, Fernsehen und Video, Handys und Flugzeuge etc. (BURKE 2004: 29, MUSHARBASH 2006: 93). Dies sind Medien, die aus der westlichen Kultur hervorgingen, also eigentlich „das Böse" repräsentieren. Hier haben die Islamisten theologische Rechtfertigungen parat: Um den heiligen Krieg zu gewinnen, sind alle Methoden recht, „nach dem Motto ´der Zwecke heiligt die Mittel`" (MUSHARBASH 2006: 101). Oder sie argumentieren, dass es diese modernen Kommunikationsmittel ohne die Kenntnisse der „alten Araber" nicht gäbe (ebd.).

Weiterhin wirft die Al Qaida den USA vor, dass sie z.B. Menschenrechte verletzen und die Umwelt zerstören (BURKE 2004: 50). Sie behauptet also, dass die westliche Welt selbst ihre globalen Modelle nicht umsetzt. So kritisiert die Al Qaida einerseits die globalen Modelle, aber auch, dass die westlichen Mächte diese selbst nicht einhalten, oder nur, wenn es in deren politischen Pläne passt.

6. Resümee

Die vorliegende Arbeit beschäftigt sich mit der Weltgesellschaftstheorie. Sie besagt, dass es eine globale Gesellschaft gibt, die gemeinsame Prinzipien hat, welche von verschiedenen Akteuren umgesetzt werden. Diese Akteure sind Nationalstaaten, Organisationen verschiedenster Art sowie Individuen. Der Theorie zufolge werden diese Prinzipien weltweit angenommen. Ist dies wirklich so? Anhand dem Beispiel der Terrororganisation Al Qaida lässt sich feststellen, dass es sehr wohl Gegner dieser Prinzipien gibt, und der Wunsch nach anderen Modellen. Doch kann man auch sehen, dass diese Gegner es schwer haben, in ihrer Kritik konsistent zu bleiben, da ja auch sie Teil des Systems der Weltgesellschaft sind. Wie herausgearbeitet wurde, nutzen auch sie Modelle, die sie eigentlich bekämpfen. Es wird sich in den nächsten Jahren zeigen, ob es bei blindem Hass wie bei den islamistischen Fanatikern bleibt, der den Westen nur zur noch starrköpfigerem Beharren treibt oder ob es zu einer konstruktiven Diskussion auf globaler Ebene kommt, welche Prinzipien die Weltgesellschaft haben sollte; denn eine Weltgesellschaft wird es bleiben.

7. Literaturverzeichnis

ASTOR, E. et. al. (2005): Meyers Großes Länderlexikon. Alle Länder der Erde kennen – erleben – verstehen. Mannheim.

BURKE, J. (2004): Al-Qaida. Wurzeln, Geschichte, Organisation. Düsseldorf, Zürich.

GEBHARDT, H. et.al. [Hrsg.] (2006): Geographie. Physische Geographie und Humangeogaphie. Heidelberg.

GREVE, J., B. HEINTZ (2005): Die „Entdeckung" der Weltgesellschaft. Entstehung und Grenzen der Weltgesellschaftstheorie. In: Zeitschrift für Soziologie, Sonderheft „Weltgesellschaft", 2005, S. 89-119, Stuttgart.

HAMM, B. (2006): Die soziale Struktur der Globalisierung. Ökologie, Ökonomie, Gesellschaft. Berlin.

HASSE, R., G. KRÜCKEN (2005): Der Stellenwert von Organisationen in Theorien der Weltgesellschaft. Eine kritische Weiterentwicklung systemtheoretischer und neo-institutionalistischer Forschungsperspektiven. In: Zeitschrift für Soziologie, Sonderheft „Weltgesellschaft", 2005, S. 186-204, Stuttgart.

JALAL AL-AZM, S. (2002): Terrorismus, Islam, der Westen und die Moderne. In: Stein, G.,V. Windfuhr [Hrsg.]: Ein Tag im September. 11.9.2001. Hintergründe, Folgen, Perspektiven. Heidelberg.

KULKE, E. (^{2}2006): Wirtschaftsgeographie. Paderborn.

LESER, H. (^{13}2005): Wörterbuch Allgemeine Geographie. München.

MEYER, J.W. et. al. (2005): Die Weltgesellschaft und der Nationalstaat. In: MEYER, J.W. (2005): Weltkultur. Wie die westlichen Prinzipien die Welt durchdringen. Frankfurt am Main.

MEYER, J.W., R.L. JEPPERSON (2005): Die „Akteure" der modernen Gesellschaft: Die kulturelle Konstruktion sozialer Agentschaft. In: MEYER, J.W. (2005): Weltkultur. Wie die westlichen Prinzipien die Welt durchdringen. Frankfurt am Main.

MUSHARBASH, Y. (2006): Die neue Al-Qaida. Innenansichten eine lernenden Terrornetzwerks. Köln, Hamburg.

NOVY, A. (2005): Internationale Politische Ökonomie. Mit Beispielen aus Lateinamerika. 2.4.4.2 Dependenztheorie. Internet: http://www.lateinamerikastudien.at/content/ wirtschaft/ipo/ipo-2702.html (16.12.2006)

ROBERTSON, R. (1998): Glokalisierung: Homogenität und Heterogenität in Raum und Zeit. In: BECK, U. [Hrsg.]: Perspektiven der Weltgesellschaft. Frankfurt am Main.

WOBBE, TH. (2000): Weltgesellschaft. Bielefeld.